BEI GRIN MACHT SICH IHR WISSEN BEZAHLT

- Wir veröffentlichen Ihre Hausarbeit, Bachelor- und Masterarbeit

- Ihr eigenes eBook und Buch - weltweit in allen wichtigen Shops

- Verdienen Sie an jedem Verkauf

Jetzt bei www.GRIN.com hochladen und kostenlos publizieren

Die Rolle des Timings der Proteingabe auf die Muskelproteinsynthese

Ines Ochmann

Bibliografische Information der Deutschen Nationalbibliothek:

Die Deutsche Nationalbibliothek verzeichnet diese Publikation in der Deutschen Nationalbibliografie; detaillierte bibliografische Daten sind im Internet über http://dnb.d-nb.de abrufbar.

ISBN: 9783963557774
Dieses Buch ist auch als E-Book erhältlich.

© GRIN Publishing GmbH
Trappentreustraße 1
80339 München

Druck und Bindung: Books on Demand GmbH, Norderstedt Germany
Gedruckt auf säurefreiem Papier aus verantwortungsvollen Quellen

Das vorliegende Werk wurde sorgfältig erarbeitet. Dennoch übernehmen Autoren und Verlag für die Richtigkeit von Angaben, Hinweisen, Links und Ratschlägen sowie eventuelle Druckfehler keine Haftung.

Das Buch bei GRIN: https://www.grin.com/document/1449052

Seminararbeit

Die Rolle des Timings der Proteingabe auf die Muskelproteinsynthese

Empfehlung der Proteinzufuhr bei Sportlern (DLBEWSATEW01)

Ernährungswissenschaften Bachelor of Science

vorgelegt am: 20.12.2023

vorgelegt von: Ines Ochmann

Inhaltsverzeichnis

III. Abkürzungsverzeichnis

ADP	Adenosin-di-phosphat
ATP	Adenosin-tri-phosphat
BBS	Berg-Balance-Skala
BP	Bench-Press, Bankdrücken
CK	Creatine Kinase, Kreatinkinase
d	Tag
ES	Effektstärke
F	Fett
f.	folgend
ff.	fortfolgend
FFM	Fat-Free Mass, fettfreie Masse
FIM	Functional Independence Measure, funktionelle Unabhängigkeitsmessung
FSR	Fractional Synthetic Rate, fraktionale Syntheserate
HGH	Human Growth Hormone, Wachstumshormon
IGF-1	Insulin-like Growth Factor-1, Insulin-ähnlicher Wachstumsfaktor-1
Kap.	Kapitel
KH	Kohlenhydrate
LE	Leg-Extension, Beinstreckung
m	männlich
mg	Milligramm
MM	Muskelmasse
MPS	Muskelproteinsynthese
MVC	Maximal isometric Voluntary Contractions, muskelkrafterzeugende Kapazität
o.	oder
P	Protein
Phe	Phenylalanin
PLA	Placebo
RM	Repetition-Maximum, Hebepotenzial, maximum

RSP	Rising from Sitting Position, aufstehen aus sitzender Position
RT	Resistance Training, Wiederstandtraining
s	Sekunde
S.	Seite
s.	siehe
SMBT	Sitting Medicine Ball Throw, Werfen eines Medizinballs aus sitzender Position
SMM	Skelettmuskelmasse
Std.	Stunde / Stunden
Tab.	Tabelle
TUGT	Timed Up-and-Go Test, zeitgesteuerter Up-and-Go-Test
u.	und
u. a.	unter anderem
vgl.	vergleiche
w	weiblich
WP	Whey-Protein
z. B.	zum Beispiel

1. Einleitung

Seit dem 19. Jahrhundert wird eine kontinuierliche Zunahme der Lebensdauer der Bevölkerung verzeichnet. Aktuelle Auswertungen belegen seit 1950 eine 20-fache Steigerung für 80-jährige Menschen, 100 Jahre alt zu werden (Hoffmann et al. 2011, S. 92). Welche Auswirkungen auf die Gesundheit sind damit verbunden? Könnten die zusätzlich gewonnenen Lebensjahre im Alter in Wirklichkeit als verlorene Jahre durch eingeschränkte Gesundheit betrachtet werden, die mit Hilfe- und Pflegebedürftigkeit einhergeht? Mit der demografischen Alterung entsteht erstmals in der Geschichte eine bedeutsame Anzahl von Menschen im Hochaltrigen-Bereich. Parallel dazu ist der Alterungsprozess mit Sarkopenie assoziiert, was zu Morbidität oder sogar Mortalität beitragen kann (Nabucco et al. 2018, S. 1). Begleitet wird dieser kritische Gesundheitszustand von eingeschränkter funktionaler Leistung und reduzierter Belastungsfähigkeit, dem sogenannten Frailty-Syndrom. Charakteristisch für das Frailty-Syndrom sind reduzierte physiologische Kapazitäten oder eine verminderte Widerstandsfähigkeit in Bezug auf Herausforderungen des Alltags, welche sich durch den Verlust von Gewicht, einer reduzierten physischen Leistungsfähigkeit mit rascher Ermüdung, einer reduzierten Kraft vor allem in den Händen oder einer nachlassenden Ganggeschwindigkeit äußert. Das „Failty-Syndrom" wird stark in Zusammenhang mit einer Ausdehnung der Morbidität diskutiert (Menning & Hoffmann 2011, S. 76, Nabuco et al. 2018, S. 1).

Die Interaktion zwischen Ernährung und körperlicher Leistungsfähigkeit steht im Fokus der Ernährungsforschung und Sportwissenschaft. Im Verlauf des Lebens erfährt der menschliche Körper kontinuierliche Veränderungen. Phasen mit anaboler Aktivität wechseln sich mit katabolen Phasen ab. Die Erhaltung der Muskelmasse, die in Verbindung mit Sehnen, Bändern, Knochen und Gelenken den Stütz- und Bewegungsapparat bildet, erweist sich also von fundamentaler gesundheitlicher Bedeutung. Daher spielt das muskuläre System eine zentrale Rolle in verschiedenen Forschungsbereichen (MensHealth, 2023). Eine ausreichende Aufnahme von Proteinen ist daher essenziell für ein gesundes Altern und kann zur Steigerung der Muskelkraft, Funktionsfähigkeit und Skelettmuskelmasse (SMM) beitragen (Nabucco et al., 2018, S. 2). Die Informationen zur Proteinzufuhr und deren optimalem Zeitpunkt werden jedoch vorwiegend aus dem Internet, von Trainern, Mittrainierenden, Freunden oder aus öffentlichen Medien bezogen (Parr et al. 2017, S. 315). Deshalb untersucht die vorliegende Arbeit anhand aktueller Studien die signifikante Bedeutung der Proteinzufuhr für die Regulation der Muskelproteinsynthese, wobei insbesondere die Frage nach dem optimalen Timing und dessen Einfluss auf die Effizienz der Muskelgewebsregeneration im Fokus steht. Es wird angenommen, dass das Timing der Proteinzufuhr einen signifikanten Einfluss auf die Muskelproteinsynthese hat. Insbesondere wird erwartet, dass eine optimale Proteinaufnahme zu einer erhöhten Effizienz der Muskelgewebsregeneration führt, was sich in einer gesteigerten Proteinsynthese zeigt.

Diese Arbeit kann als Beitrag zur aktuellen Diskussion der Proteinzufuhr, Muskelregeneration und Leistungsfähigkeit dienen, sollte aber unter Berücksichtigung der begrenzten Auswahl von Studien verstanden werden, um die Ergebnisse besser zu verstehen.

Der folgende Hauptteil dieser Arbeit widmet sich in Kap. 2 der ausführlichen Darstellung der Proteine und der mit ihnen in Verbindung stehenden biochemischen Marker. Anschließend wird die angewandte Methodik (Kap. 3) zur Auswahl der für das Thema relevanten Studien beschrieben, um die Ergebnisse in Tabellenform und einer ausführlichen Präsentation in Kap. 4 darzulegen. Die Diskussion und das folgende Fazit im Kontext der Forschungsfrage runden diese Arbeit mit Kap. 5 und 6 ab.

2. Theoretischer Hintergrund

Dieser Abschnitt bietet einen umfassenden Einblick in die fundamentale Rolle von Proteinen als essenzielle Bausteine des Lebens, insbesondere im Kontext biologischer Prozesse und Strukturen.

2.1 Proteine – Überblick und Einteilung

Den Proteinen kommt die entscheidendste Rolle als Schlüsselakteure biochemischer Funktionen zu. Insgesamt machen sie 15-17% der Gesamtkörpermasse erwachsener Personen aus (Vaupel & Biesalski 2017, S. 145). Als integraler Bestandteil einer jeden Zelle werden im menschlichen Körper täglich etwa 400 g Protein produziert, wofür 20 verschiedene proteinogene Aminosäuren (AS) notwendig sind (Horn, 2019, S. 208). Zu unterteilen sind diese in unentbehrliche und entbehrliche AS. Letztere können unter normalen Bedingungen und bei ausreichenden Mengen an Stickstoff im Stoffwechsel selbst synthetisiert werden, während unentbehrliche AS zur Verhinderung von Mangelerscheinungen von außen zugeführt werden müssen (DGE.de, 2023).

2.2 Proteinquellen und offizielle Zufuhrempfehlungen

Mit einem Anteil von 12-15 % am täglichen Gesamtenergieumsatz tragen sie allerdings nur begrenzt zur Energiebereitstellung bei (Vaupel & Biesalski 2017, S. 145). Die empfohlene tägliche Zufuhr für Erwachsene beträgt 0,8 g je kg Körpergewicht (KG) am Tag. Bei Senioren ab einem Alter von 65 Jahren wird eine Zufuhr von 1,0g / kg KG / als angemessen betrachtet (DGE.de, 2023). Kiesewetter & Sieber (2017, S. 792) empfehlen sogar eine tgl. Proteinzufuhr von 1,2 – 1,5 g / kg KG, um die Muskelmasse bei hochbetagten Menschen aufzubauen bzw. zu erhalten. Die Proteinzufuhr kann sowohl durch tierische als auch pflanzliche Quellen sichergestellt werden. Lebensmittel wie Fleisch, Fisch, Eier, Milch und Milchprodukte bieten eine Quelle für tierisches Eiweiß. Pflanzliches Protein kann hingegen durch den Verzehr von Getreide und deren Produkte, Leguminosen, Keimlingen, Nüssen, Soja oder Tofu erfolgen (Vaupel & Biesalski 2017, S. 152)

2.3 Aufbau und Struktur der Proteine

Unter allen bereits bekannten Molekülen, sind die Proteine am genauesten aufeinander abgestimmt und weisen die architektonisch größte Komplexität auf (Alberts et al. 2017, S. 121 ff.). Klassifiziert werden sie als Strukturen mit über 100 Aminosäureresten (DGE.de, 2023). Wie in Abbildung 1 dargestellt, besteht jedes dieser Proteinmoleküle aus einer spezifisch langen, unverzweigten Kette von AS, die jeweils über kovalente Peptidbindungen miteinander verknüpft sind. Sie bilden das Grundgerüst, an denen weitere AS-Seitenketten angeheftet sind. Seitenketten können polar oder unpolar gestaltet und positiv, negativ oder neutral geladen sein (Alberts et al. 2017, S. 121 ff.).

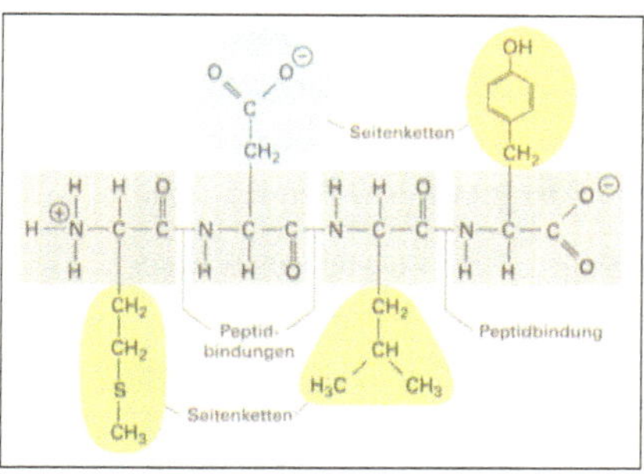

Abbildung 1: *Die Komponenten eines Proteins*
Quelle: In Anlehnung an Alberts et al. 2017, S.124

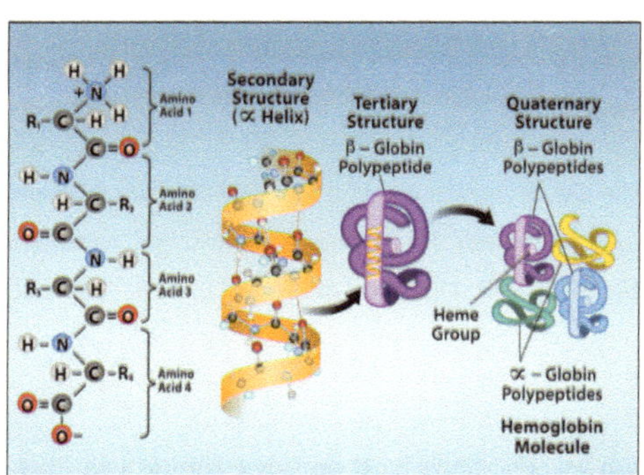

Abbildung 2: *Die vier Ebenen der Proteinstruktur, Quelle: In Anlehnung an Clark et al. 2020, S. 84*

Als Antwort auf die vielen Wechselwirkungen unterschiedlich geladener Seitenketten und je nach Abfolge der AS, faltet sich das Proteinmolekül in einer komplexen Abfolge letztendlich in seine räumliche Struktur (Konformation, siehe Abb. 2) (ebenda, S. 121 ff.). Jedes Protein verfügt dabei über eine individuelle Sequenz und Struktur, die von den chemischen Wechselwirkungen stabilisiert wird und von Bedeutung für ihre Funktion ist (Clark 2020, S. 84).

2.4 Aufgaben der Proteine im Kontext der Muskelprotein-Synthese

Die Aufgaben der Proteine sind sowohl vielfältig als auch unerlässlich. In diversen biologischen Prozessen, einschließlich des Zellstoffwechsels, Hormonhaushaltes Immun- und Gerinnungssystems sowie des Energiestoffwechsels, nehmen Proteine bzw. AS eine bedeutende Funktion ein. Insbesondere im Kontext der Muskelproteinsynthese (MPS) fungieren sie als essenzielle Komponenten im Bau- und Strukturstoffwechsel der Muskulatur (König et al., 2020, S. 132).

In Analogie zu allen Proteinen entstehen Muskelproteine, insbesondere im Kontext der MPS, durch Synthese aus dem intramuskulären Aminosäurenpool. Dieser Umsatz hängt maßgeblich von der Zufuhr an Proteinen und Energie ab. Bei längerfristig erhöhtem Zugang steigt die MPS an und stabilisiert sich unter den Bedingungen einer optimalen Ernährung. Ernährungsdefizite führen wiederum zu einer Verringerung der Netto-Muskelproteinsyntheserate. Das Ausmaß dieser Synthese wird in Relation zum Gesamtproteingehalt durch die fraktionale Syntheserate (FSR) ausgedrückt. (Oksbjerg & Therkildsen 2017, S.33 ff.; Scanes 2015, S. 455ff.).

Die Auswirkungen von Interventionen zur Förderung von Muskelmasse können durch Untersuchungen nach Kraftübungen und Funktionstests beurteilt werden. Dabei werden gezielte Übungen des gesamten Körpers mit Widerstandstraining (RT) mit zeitpunktorientierten, proteingestützten Ernährungsinterventionen durchgeführt, darunter Beinpresse, Bankdrücken, Schlusssprung, Leg-Extensions und Griffkraft (Nabucco et al., 2018, S. 1; Ikeda et al., 2020, S. 1; Ormsbee et al., 2013, S. 1; Schwarz & McKinley-Barnard, 2020, S. 1).

Zeitgesteuerte Funktionstests wiederum wie das Aufstehen, Gehen oder das Halten des Gleichgewichtes können Indikatoren für die Qualität des Alltagserlebens und dessen Bewältigung sein. Vergleichstest für vor und nach Interventionen wie dem RT in Verbindung mit der zeitgesteuerten Proteingabe wären hier z. B. die Messung der benötigten Zeit für das Aufstehen aus sitzender Position (RSP, Raise from sittig position) oder für das Gehen einer gewissen Strecke nach dem Aufstehen von einem Stuhl (TUGT; Time up and Go-Test). Mithilfe der Berg-Balance-Skala (BBS) – einem Test zur Evaluation der Balancefähigkeit und zur Einschätzung des Risikos zu stürzen (Schädler 2012, S. 40) – kann auf das Gleichgewichtsvermögen geschlossen werden (Nabucco et al., 2018, S. 1, Ikeda et al. 2020, S. 1, Schwarz & McKinley-Barnard, 2020, S. 1).

Auch Parameter zur Körperzusammensetzung wie die Skelettmuskelmasse (SMM), die fettfreie Masse (FFM) und der Körperfettanteil bieten Anhaltspunkte über die Synthese von Muskelproteinen und deren positiven Einfluss auf einen gesunden Stoffwechsel (Nabucco et al., 2018, S. 1; Ikeda et al., 2020, S. 1; Ormsbee et al., 2013, S. 1).

2.5 Biochemische Marker

Im Kontext der muskulären Proteinsynthese spielen verschiedene biochemische Marker wie Phenylalanin, die Creatin-Kinase oder HGH und IGF-1 eine entscheidende Rolle.

2.5.1 Phenylalanin

Phenylalanin, eine unentbehrliche Aminosäure (AS), erweist sich als bedeutender "Tracer" für die Messung der Muskelproteinsynthese (MPS). Eine gängige Methode für diese Messung ist die Vorläufer-Produkt-Methode. Bei dieser Methode erfolgt die Messung der Differenz der gebundenen Proteine in zwei Muskelbiopsien, die zu verschiedenen Zeitpunkten entnommen wurden. Diese Unterschiede dienen der Berechnung der Fraktionalen Syntheserate (FSR) (Hamarsland et al. 2022, S. 3).

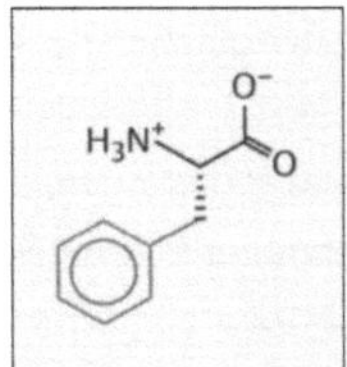

Abbildung 3: Phenylalanin (Phe)
Quelle: Vaupel & Bisalski 2017, S. 147

2.5.2 Creatin-Kinase

Eines im Muskel, und vorrangig in energieintensiven Geweben wie z. B. der Skelett- oder auch der Herzmuskulatur vorkommendes Enzym ist die Kreatinkinase. Sie katalysiert die Umwandlung von Kreatinphosphat zu Kreatin und regeneriert dabei Adenosin-di-phosphat (ADP) zu Adenosin-tri-phosphat (ATP), einer universellen Energiewährung der Zellen. Dieser Vorgang kann die Verfügbarkeit von Energie für die Muskelproteinsynthese beeinflussen. Eine effiziente Energiebereitstellung ist wichtig, um die Synthese neuer Proteine in den Muskeln zu unterstützen (Häußler 2019). Die CK ist kein direkter Indikator der MPS, sondern eher ein Marker für Muskelschäden, die u. a. durch Training hervorgerufen werden können (Gesundheit.gv.at 2022). Durch die Reparatur dieser Verletzungen werden die Muskelfasern soweit verstärkt, dass sie den Belastungen bei wiederholtem Training standzuhalten, was zu einem erhöhten Volumen der Muskelfasern führt (fitnessfirst.de 2023). Somit kann die CK als indirekter Indikator für die Beanspruchung und Anpassung der MPS betrachtet werden.

2.5.3 HGH und IGF-1

Das Wachstumshormon GH (engl.: growth hormone) und der Insulin-ähnliche-Wachstumsfaktor-1 (engl.: insulin-like-growth-factor-1, IGF-1) stehen in enger Beziehung zueinander (Alberts 2017, S. 977, 1357). Ein Training der Muskulatur stimuliert die Ausschüttung des Human Growth Hormone HGH (a3sports.de 2018), welches als Signalprotein von der Hypophyse sezerniert und in den Körper abgegeben wird. Es fördert das Zellwachstum, indem es die Freisetzung von IGF-1 in der Leber und anderen Organen stimuliert (Alberts 2017, S. 977, 1357). Die Anregung der Muskelproteinsynthese wird größtenteils indirekt über IGF-1 vermittelt (DSHS Köln 2023).

3. Methodik

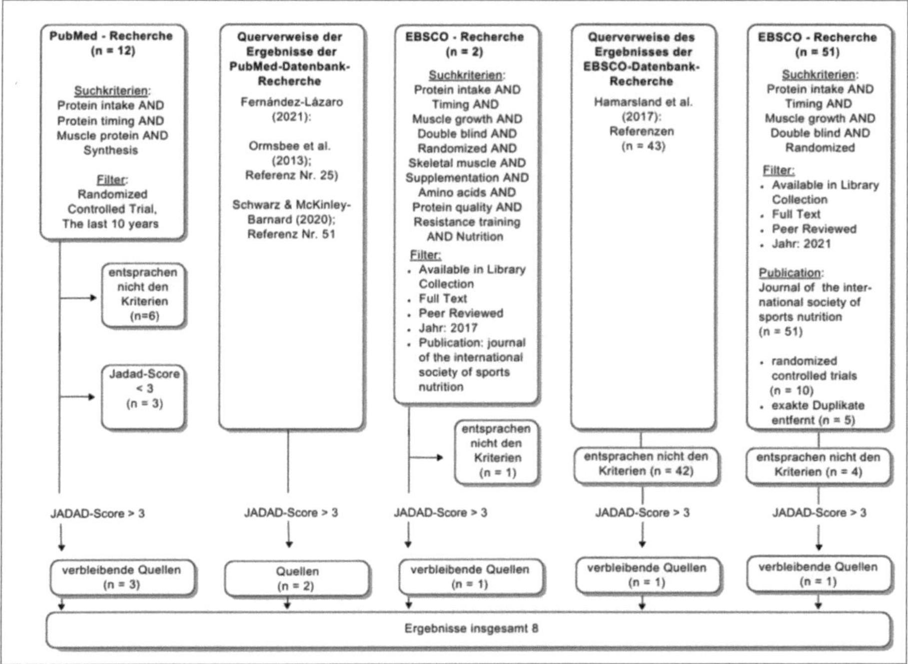

Abbildung 4: Studienauswahldiagramm. Die Studiensuche fand in mehreren Datenbanken statt (PubMed, EBSCO-Datenbank). Die im Diagramm genannten Suchkriterien bzw. Suchbegriffe wurden verwandt. Nach weiterem Filtern, Eingrenzen und Ausschluss von Reviews fand ebenfalls eine qualitative Prüfung gemäß JADAD-Score > 3 Anwendung. Zusätzlich ergaben Querverweise 2 weiter Ergebnisse. 8 relevante Studien wurden insgesamt in diese Arbeit eingeschlossen.

Die Recherche für diese Arbeit erfolgte mithilfe der Datenbanken PubMed und der von der IU zur Verfügung gestellten Literaturdatenbank EBSCO. Weiterhin flossen Querverweise einer Studie von Fernández-Lázaro et al. aus dem Jahr 2021 ein. Diese Studie selbst erfüllte nicht die erforderlichen Kriterien für diese Arbeit und wurde ausgeschlossen.

Die in der Abbildung 4 dargestellten Suchkriterien / Schlüsselwörter und Eingrenzungen fanden hierbei Anwendung bei der Studienauswahl. Die weitere Identifikation der für diese Seminararbeit relevanten Dokumente erfolgte anhand der Abstracts. Im nächsten Schritt zur Qualitätseinschätzung der Studien wurde der so genannte Jadad-Score errechnet (Jadad et al. 1996, S. 10ff.). Dieser Score bietet die Möglichkeit, durch eine Bewertung der in den Studien verwandten Randomisierungs- u. Verblindungsmethoden sowie der Beschreibung von Dropouts, die Qualität transparent und vergleichbar zu machen. Die Skala erstreckt sich von 0 (geringe Qualität) bis 5,0 (hohe Qualität), wobei Werte > 3 als Indikator dafür gelten, verlässliche Schlussfolgerungen zu ziehen zu können. Studien mit einem Jadad-Score < 3 wurden ausgeschlossen. Insgesamt wurden 8 Studien für diese Seminararbeit ausgewählt. Die Ergebnisse sind als Übersicht in Tabelle 1 auf Seite 8 zusammengefasst.

4. Ergebnisse

Die Studien umfassen Stichproben von 10 bis 70 Probanden im Alter von 18 bis über 60 Jahren, meist männlich. Drei Studien inkludierten Frauen. Alle außer einer Studie von Ikeda et al. (2020) beinhalteten gesunde, teilweise trainierte Teilnehmer. Die Studiendauer variiert von 2,5 Tagen bis 26 Wochen; fünf führten eine Power-Analyse durch.

Die Studien zeigen eine ausgeglichene Verteilung in Bezug auf Körperzusammensetzung, Funktions- u. Muskelkraft (unter Trainingseinfluss von RT oder Radfahren) und biochemische Marker. Parameter für Körperzusammensetzung umfassen SMM, FFM und Körperfett. Kraft-bezogene Variablen umfassen allgemeine Kraft, Beinpresse, Griffkraft, Oberkörperkraft, Unterkörperkraft, Sprunghöhe, Leg-Extensions-Wiederholungen, Bankdrücken und Sitting Medicine Ball Throw. Funktionalitätsmessungen umfassen Gehtest, RSP, TUGT, BBS und FIM. Biochemische Marker sind HGH, IGF-1, CK, FSR, Phe und MVC als Maß für die muskelkrafterzeugende Kapazität.

Die Variablen zweiter Studien zur Quantifizierung der Skelettmuskelmasse (SMM) präsentieren einerseits eine signifikante Steigerung, die unabhängig vom Zeitpunkt der Proteinzufuhr auftritt und im Vergleich zur Placebogruppe ausgeprägter ist, andererseits zeigten die Resultate keinerlei signifikanten Einfluss (Nabuco et al., 2018; Ikeda et al., 2020).

Die Ergebnisse folgender Variablen weisen einheitlich einen positiven Effekt sowohl unter Gabe des Proteins vor als auch nach dem Training auf. Dies betrifft insbesondere die Kraft des Oberkörpers, die Kraft des Unterkörpers (Nabuco et al. 2018, Ormsbee et al. 2013). In der Studie von Nabucco et al. (2018) wurde darüber hinaus in den Bereichen Kraft, Gehtest und RSP ein signifikant größerer Effekt unter der Zufuhr von Protein als unter der Zufuhr des Placebos festgestellt.

Signifikante Unterschiede zeigten sich ebenfalls in Bezug auf verschiedene Parameter wie Kraft in der Beinpresse, TUGT, BBS, FIM, FFM, Sprunghöhe und LE – Wiederholungen. In diesem Zusammenhang war der beobachtete Effekt unter Gabe des Proteinpräparates vor dem RT signifikant größer als im Vergleich bei der Gabe danach. Gleichzeitig wurde ein prozentualer Verlust von Körperfett beobachtet, wobei keine signifikanten Unterschiede zwischen den Gruppen festgestellt werden konnten (Ikeda et al. 2020, Ormsbee et al. 2013, Schwarz & McKinley-Barnard 2020).

Gemäß den Ergebnissen von Ikeda et al. (2020) blieb die Griffkraft unverändert. Auch wurden keine messbaren Effekte bei Kraft BP, SMBT in der Studie von Schwarz & McKinley-Barnard (2020) festgestellt, sowie bei der Auswertung der FSR von Højfeldt et al. (2020) und der analysierten Maximalkraft (MVC) gemäß Hamarsland et al. (2017).

Zur Bewertung biochemischer Marker wurden Wachstumshormone, die Kreatin-Kinase (CK) oder die fraktionale Syntheserate (FSR) analysiert. Die Messung der Wachstumshormone erfolgte dabei sowohl für das Human Growth Hormone (HGH) als auch für den Insulin-like Growth Factor 1 (IGF-1). Genauer untersucht wurde hier der Effekt der Proteinzufuhr vor dem RT, die gleichermaßen beim HGH sowie beim IGF-1 zu einer Erhöhung führte (Schwarz & McKinley-Barnard 2020).

Zwei der acht Studien evaluierten Auswirkungen auf die Kreatinkinase (CK), wobei Hansen et al. (2016) ausschließlich die CK berücksichtigten. Beide Studienergebnisse zeigen eine Zunahme, wobei die Erhöhung in der Studie von Hansen et al. (2016) auf vier von sieben Tagen beschränkt ist. An den übrigen drei Tagen wurde keine signifikante Veränderung festgestellt. Das Protein wurde entweder nach einem RT oder während der Trainingseinheit konsumiert (Hansen et al. 2016, Hamarsland et al. 2017).

Die Untersuchung der FSR in zwei von acht Studien zeigt unterschiedliche Ergebnisse. Churchward-Venne et al. (2014) fokussierten sich ausschließlich auf die FSR, welche eine deutlich höhere Konzentration zum Ausgangswert aufweist, nachdem das Protein nach dem RT zugeführt wurde. Diese Ergebnisse unterscheiden sich von der zweiten Studie, die ebenfalls die FSR analysierte. In der Studie von Højfeldt et al. (2020) wurde das Protein zu den Mahlzeiten konsumiert und keine signifikante Veränderung beobachtet.

In zwei von insgesamt acht Studien wurde Phenylalanin (Phe) als Tracer zur Analyse der physiologischen Stoffwechselprozesse verwendet, während sich eine weitere Studie der Untersuchung von Veränderungen bei der Regeneration der muskelkrafterzeugenden Kapazität (MVC) über einen Zeitraum von 24 Stunden nach dem Training widmete. In beiden untersuchten Studien wurde ein signifikanter Anstieg verzeichnet, sowie bei der Einnahme von Phenylalanin zu den Mahlzeiten als auch nach einem RT. Die ebenfalls in diesem Kontext untersuchte MVC bei der Einnahme von Proteinen nach dem RT brachte keine signifikante Veränderung, jedoch stieg die Muskelproteinsynthese (MPS) im Allgemeinen an (Højfeldt et al., 2020; Hamarsland et al., 2017)

		Probanden			Intervention					Ergebnisse		Jadad-Score
Autor	Anzahl	Alter (Jahre)	Geschlecht	Ges.- Status	Zeitpunkt der Gabe	Methodik	Dauer	Power-Analyse	Effekte auf die SMM / MPS			
Nabuco et al. (2018)	70	$\geqq$60	W	gesund	a) vor RT b) nach RT c) PLA vor und nach RT	RT	26 Wochen	Ja 80%	SMM (kg) Kraft (kg) Gehtest (s) RSP (s)	↑ (a=b > c) ↑ (a, b > c) ↑ (a, b > c) ↑ (a, b > c)		5
Ikeda et al. (2020)	46	> 40	M, W	Schlaganfall Hirninfarkt Hirnblutung Subarachnoidal-blutung	a) vor RT b) nach RT	RT	2 Monate	Ja 80%	SMM (kg) Kraft Beinpresse (kgf) Griffkraft (kgf) TUGT (s) BBS (Score) FIM (Score)	↔ (a = b) ↑ (a > b) ↔ (a = b) ↑ (a > b) ↑ (a > b) ↑ (a > b)		4
Ormsbee et al. (2013)	24	24,0 ± 2,3	M	gesund	a) vor RT b) nach RT	RT	6 Wochen	Nein	Kraft Oberkörper Kraft Unterkörper FFM (kg) Körperfett (%)	↑ (a = b) ↑ (a = b) ↑ (a > b) ↓ (a = b)		4
Schwarz & McKinley-Barnard (2020)	10	19 - 25	M	gesund	vor RT	RT	7 – 10 Tage	Nein	Sprunghöhe (cm) LE – Wiederholungen Kraft BP (kg) SMBT (m) HGH IGF-1	↑ ↑ ↔ ↔ ↑ ↑		4
Hansen et al. (2016)	18	20 ± 2	M	gesund	während des Trainings	Radfahren	7 Tage	Nein	CK	↑ (D3, D5, D6, D7) ↔ (D1, D2, D4)		3
Churchward-Venne et al. (2014)	40	18 - 35	M	gesund	nach RT	RT	-	Ja 80%	FSR	↑		4
Højfeldt et al. (2020)	11	66.6 ± 1.7	M	gesund	zu den Mahlzeiten	Bestimmung der FSR & Aminosäure-Kinetik	20 Tage	Ja 80%	FSR Phe	↔ ↑		3
Hamarsland et al. (2017)	22	25 ± 5	M + W	gesund, trainiert	nach RT	Bestimmung der FSR	2,5 Tage	Ja 80%	MPS, Phe, CK MVC	↑ ↔		4

Tabelle 1: Übersicht der Ergebnisse der eingeschlossenen Humaninterventionsstudien. ↑: signifikanter Anstieg, ↓: signifikante Reduktion, ↔: keine Veränderungen, >: größer als, <: kleiner als, ≥: größer/gleich, =: gleich, ±: plusminus, -: bis, *BBS*: *Berg-Balance-Scala*, *BP*: Bench-Press *(Bankdrücken)*, *CK*: *Creatinkinase*, **D1 – D7**: Tag 1 – 7, *FFM*: *fettfreie Masse*, *FIM*: Functional Independence Measure, funktionelle Unabhängigkeitsmessung, *FSR*: *fraktionale Syntheserate*, *HGH*: Human Growth Hormone *(Wachstumshormon)*, *IGF-1*: Insulin-like Growth Factor-1 *(Insulin-ähnlicher Wachstumsfaktor-1)*, *LE*: *Leg extensions (Beinstreckung)*, **M**: männlich, *MPS*: Muskelproteinsynthese, *MVC*: *maximal isometric voluntary contractions, muskelkrafterzeugende Kapazität*, *Phe*: *Phenylalanin*, **PLA**: Placebo, *RSP*: *Rise from sitting position (Aufstehen aus sitzender Position)*, **RT**: Resistenztraining *(Widerstandstraining)*, *SMBT*: Sitting Medicine Ball Throw (Werfen eines Medizinballs aus sitzender Position), *SMM*: *Skelettmuskelmasse*, *TUGT*: Timed up-and-go test *(zeitgesteuerter Up-and-Go-Test)*, **W**: weiblich

5. Diskussion

Die verschiedenen Resultate der untersuchten SMM lassen sich eventuell durch eine allgemeine Abnahme an SMM bei Schlaganfallpatienten erklären. Das Fehlen signifikanter Veränderungen deutet darauf hin, dass der Rückgang der Skelettmuskelmasse zumindest gehemmt wurde (Ikeda et al 2020), was im Kontrast zu den Resultaten der gesunden Probanden von Nabuco et al. (2018) steht.

Bezogen auf die Forschungsfrage, ob der *Zeitpunkt* der Proteingabe eine Rolle für die MPS spielt, deuten die vorliegenden Studienergebnisse nicht auf eine statistisch signifikante Beeinflussung hin. Die Proteingabe selbst zeigt einen vorwiegend positiven Effekt, der unabhängig vom Zeitpunkt der Einnahme zu sein scheint. Die generelle Steigerung von Kraft und Funktionsfähigkeit (Nabuco et al. 2018, Ormsbee et al. 2013), einschließlich der zeitgleichen Analyse der Placebogruppe (Nabucco et al. 2018) stützt diese Annahme. Es ist wichtig zu beachten, dass diese Studien spezifisch auf ältere Frauen über 60 Jahre und junge Männer bis ca. 25 Jahre abzielt und möglicherweise nicht ohne Weiteres auf andere Bevölkerungsgruppen übertragbar sind. Weiterhin ist die Studie von Ormsbee et al (2013) durch die selbst gemeldete Nahrungsaufnahme eingeschränkt, was Einfluss auf die Ergebnisse gehabt haben kann.

Die signifikanten Effekte bei den Kraft- und Funktionstests und der Proteinzufuhr vor dem RT, wie sie von Ikeda et al. (2020), dokumentiert wurden, deuten möglicherweise auf eine postprandiale Wirksamkeit der Proteingabe vor dem RT hin und dass sie einen wirksamen Beitrag zur Rehabilitation von Patienten nach einem Schlaganfall leisten kann. Im Gegensatz dazu scheint es jedoch so, dass Männer und Frauen die vorkonditioniert sind, keinen spezifischen Effekt des Timings der Proteingabe erwarten können, wie in den Studien von Nabucco et al. (2018), Ormsbee et al. (2013) und Schwarz & McKinley-Barnard (2020) gezeigt wurde. Diese Annahmen werden durch die Ergebnisse von Churchward-Venne et al. (2014) und Schwarz & McKinley-Barnard (2020) gestützt, die die Proteingabe sowohl *vor* als auch *nach* dem RT analysierten. Schwarz & McKinley-Barnard (2020) stellten eine Verbesserung in den Bereichen "Sprunghöhe" und "LE-Wiederholungen" fest, während Churchward-Venne et al. (2014) eine Zunahme der FSR (Maß der MPS, vgl. Kap. 2.5) nachwiesen. Gleichzeitig dazu wurden in der randomisierten Cross-over-Studie von Højfeldt et al. (2020) *keine* signifikanten Veränderungen der FSR *ohne* Muskelstimulation durch RT festgestellt, was die Wichtigkeit des RT in Verbindung mit einer ausreichenden Proteinzufuhr erkennen lässt. Diese Annahmen werden zusätzlich durch den signifikanten Anstieg der Wachstumshormone HGH und IGF-1 untermauert. HGH wird durch Training stimuliert während IGF die Muskelproteinsynthese vermittelt (vgl. Kap. 2.5.3). Weiterhin bekräftigen die Ergebnisse von Hansen et al. (2016) diese Vermutung. An drei von vier Tagen verzeichneten sie einen Anstieg der CK, die als indirekter Indikator einer MPS dienen kann (vgl. Kap. 2.6.2). Allerdings zielte die Studie von Hansen et al. (2016) speziell auf Top-Radsportler ab, sodass die Erkenntnisse möglicherweise nicht direkt auf andere Kohorten generalisiert werden können.

Die Feststellung, dass der Zeitpunkt der Proteingabe keine statistisch signifikante Auswirkung auf die MPS zu haben scheint, könnte bedeuten, dass ausreichende Gesamtaufnahme von Protein über den Tag verteilt entscheidender ist als der spezifische Zeitpunkt. Unabhängig davon deutet die festgestellte allgemeine Zunahme der Kraft und Funktionsfähigkeit selbst auf einen positiven Effekt auf die Leistungsfähigkeit hin.

Insgesamt liefern diese Ergebnisse wichtige Erkenntnisse für die Gestaltung von Ernährungsprogrammen zur Optimierung der MPS und Leistungsfähigkeit. Es bleibt jedoch wichtig, die Vielschichtigkeit dieser Thematik zu berücksichtigen und weitere Forschung durchzuführen, um genauere Empfehlungen ableiten zu können. Weiterhin basiert die vorliegende Arbeit auf einer begrenzten Auswahl von Quellen, was möglicherweise zu einer eingeschränkten Repräsentativität führen könnte. Eine breitere Palette an Studien könnte zu einer umfassenderen Perspektive beitragen.

6. Fazit

Insgesamt liefert die Arbeit einen fundierten Einblick über Erkenntnisse der MPS in Zusammenhang mit einem bestimmten Zeitpunkt der Proteinaufnahme. Aus ihnen geht hervor, dass der Zeitpunkt der Proteingabe keine signifikante Rolle für die MPS spielt. Bedeutender scheint die Gesamtaufnahme von Protein über den Tag verteilt in Verbindung mit einem regelmäßigen Training zu sein. Ansätze zur Förderung der Gesundheit und Lebensqualität durch Ernährungsinterventionen bei gleichzeitiger Verbesserung alltäglicher Bewegungsstrategien verdeutlichen das vielversprechende Potenzial genauso wie die dringende Notwendigkeit der Förderung der Lebensqualität älterer Menschen. Dieser Aspekt wirft die Frage nach der Art der Proteingabe auf. Sollten Proteine unterstützend als Nahrungsergänzungsmittel näher in den Fokus einer optimalen Ernährung gerückt werden? Wenn das Timing der Aufnahme weniger relevant ist als die qualitative und quantitative Versorgung, könnte ein Ansatz gefunden werden, die steigende Gefahr von Morbidität zu verringern. Die Umsetzbarkeit dieses Aspektes bleibt innerhalb dieser Arbeit zwar offen, bietet aber einen Ausgangspunkt weiterer Forschungen.

IV. Literaturverzeichnis

Alberts, B., Johnson, A. & Lewis, J. (2017). *Molekularbiologie der Zelle.* 6. Auflage. WILEY-VCH Verlag GmbH & Co. KGaA

a3sports.de (2018). Gesundheitszentrum Parsberg. Abnehmen. Das HGH Hormon auf natürliche Weise anregen. https://www.a3sports.de/das-hgh-hormon-auf-natuerliche-weise-anregen/

Churchward-Venne, T. A., Breen, L., Di Donato, D. M., Hector, A. J., Mitchell, C. J., Moore, D. R., Stellingwerff, T., Breuille, D., Offord, E. A., Baker, S. T., Phillips, S. M. (2014). Leucine supplementation of a low-protein mixed macronutrient beverage enhances myofibrillar protein synthesis in young men: a double-blind, randomized trial. *The American Journal of Clinical Nutrition.* Volume 99, Issue 2, S. 276-286. https://doi.org/10.3945/ajcn.113.068775.

Clark, M. A., Choi, J. & Douglas, M. (2020). Biology 2e. (2. Auflage). XanEdu Publishing Inc. DOI: https://openstax.org/books/biology-2e/pages/3-4-proteins#fig-ch03_04_09

DGE.de (2023). Deutsche Gesellschaft für Ernährung e.V. Wie viel Protein brauchen wir? DGE veröffentlicht neue Referenzwerte für Protein. *Presseinformation der Deutschen Gesellschaft für Ernährung e. V.* https://www.dge.de/presse/meldungen/2011-2018/wie-viel-protein-brauchen-wir/#:~:text=Die%20empfohlene%20Zufuhr%20f%C3%BCr%20Protein,kg%20K%C3%B6rpergewicht%20pro%20Tag%20an.

DSHS Köln (2023). Deutsch Sporthochschule Köln. Institut für Biochemie. Wachstumshormon (Growth Hormone, GH). https://www.dshs-koeln.de/institut-fuer-biochemie/doping-substanzen/doping-lexikon/w/wachstumshormon-growth-hormone-gh/

Fernández-Lázaro, D., Mielgo-Ayuso, J., del Valle Soto, M., Adams, D. P., Gutiérrez-Abejón, E., & Seco-Calvo, J. (2021). Impact of Optimal Timing of Intake of Multi-Ingredient Performance Supplements on Sports Performance, Muscular Damage, and Hormonal Behavior across a Ten-Week Training Camp in Elite Cyclists: A Randomized Clinical Trial. *Nutrients*, 13(11), 3746. https://doi.org/10.3390/nu13113746

Fitnessfirst.de (2023)._Muskelaufbau: Training & Tipps. Muskelaufbau: Was steckt dahinter? https://www.fitnessfirst.de/magazin/training/muskelaufbau/training-fuer-muskelaufbau

Gesundheit.gv.at (2022). Öffentliches Gesundheitsportal Österreichs. Creatin-Kinase (CK). https://www.gesundheit.gv.at/labor/laborwerte/organe-stoffwechsel/herz-01-ck2-hk.html#warum-wird-die-ck-im-blut-bestimmt

Hamarsland, H., Nordengen, A. L., Aas, S. N., Holte, K., Garte, I., Paulsen, G., Cotter, M., Børsheim, E., Benestad, H. B., Raastad, T. (2022). Native whey protein with high levels of leucine results in similar post-exercise muscular anabolic responses as regular whey protein: a randomized controlled trial. *Journal of the International Society of Sports Nutrition.* Article: 43

Hansen M, Bangsbo J, Jensen J, Krause-Jensen M, Bibby BM, Sollie O, Hall UA, Madsen K. Protein intake during training sessions has no effect on performance and recovery during a strenuous training camp for elite cyclists. J Int Soc Sports Nutr. 2016 Mar 5;13:9. doi: 10.1186/s12970-016-0120-4. PMID: 26949378; PMCID: PMC4779585.

Häußer, J. (2019.). *Sportmedizin*. G Ih#Nuhdwignlgdvh#FN ,#eh1#Vsruwohuq#sportsandmedicine.com. https://sportsandmedicine.com/de/2019/10/die-kreatinkinase-ck-bei-sportlern/

Hoffmann, E., Schelhase, T. & Menning, S. (2011). Lebenserwartung und Sterbegeschehen. In Böhm, K., Tesch-Römer, C., Ziese, T. (Hrsg.): *Gesundheit und Krankheit im Alter. Beiträge zur Gesundheitsberichterstattung des Bundes.* Eine gemeinsame Veröffentlichung des Statistischen Bundesamtes, des Deutschen Zentrums für Altersfragen und des Robert Koch-Instituts (S. 92 – 104). https://www.destatis.de/DE/Themen/Gesellschaft-Umwelt/Gesundheit/Gesundheitszustand-Relevantes-Verhalten/Publikationen/Downloads-Gesundheitszustand/gesundheit-krankheit-im-alter-5230003099004.pdf?__blob=publicationFile

Højfeldt, G., Bülow, J., Agergaard, J., Simonsen, L. R., Bülow, J., Schjerling, P., van Hall, G., & Holm, L. (2021). Postprandial muscle protein synthesis rate is unaffected by 20-day habituation to a high protein intake: a randomized controlled, crossover trial. European journal of nutrition, 60(8), 4307–4319. https://doi.org/10.1007/s00394-021-02590-4

Horn, F. (2019). Biochemie des Menschen (S. 208 – 239). Thieme Verlag Stuttgart

Ikeda, T., Morotomi, N., Kamono, A., Ishimoto, S., Miyazawa, R., Kometani, S., Sako, R., Kaneko, N., Iida, M., & Kawate, N. (2020). The Effects of Timing of a Leucine-Enriched Amino Acid Supplement on Body Composition and Physical Function in Stroke Patients: A Randomized Controlled Trial. Nutrients, 12(7), 1928. https://doi.org/10.3390/nu12071928

Jadad, A. R., Moore, R. A., Dawn C., Jenkinson, C., Reynolds, M. D. J., Gavaghan, D. J., McQuay, H. J. (1996). Assessing the quality of reports of randomized clinical trials: Is blinding necessary? *Controlled Clinical Trials*. Volume 17. Issue 1. Pages 1-12. DOI: https://doi.org/10.1016/0197-2456(95)00134-4.

Kiesewetter, E. & Sieber, C. C. (2017). Malnutrition im Alter, Sarkopenie und Frailty. In Biesalski, H. K., Bischoff, S. C. & Pirlich, M. (Hrsg.) *Ernährungsmedizin. Nach dem Curriculum Ernährungsmedizin der Bundesärztekammer* (S. 786 – 794). Thieme Verlag Stuttgart

König, D., Carlsohn, A., Braun, H., Großhauser, M., Lampen, A. & Mosler, S. (2020): *Proteinzufuhr im Sport.* Position der Arbeitsgruppe Sporternährung der Deutschen Gesellschaft für Ernährung e. V. DGE. Ernaehrungs-Umschau international, 2020(7). 132–139. https://www.ernaehrungs-umschau.de/fileadmin/Ernaehrungs-Umschau/pdfs/pdf_2020/07_20/EU07_2020_M406_M413_1.pdf

MensHealth.de. 2023. https://www.menshealth.de/krafttraining/mit-ueber-40-bodybuilder/

Menning, S. & Hoffmann, E. (2011). Funktionale Gesundheit und Pflegebedürftigkeit. In Böhm, K., Tesch-Römer, C., Ziese, T. (Hrsg.): *Gesundheit und Krankheit im Alter. Beiträge zur Gesundheitsberichterstattung des Bundes.* Eine gemeinsame Veröffentlichung des Statistischen Bundesamtes, des Deutschen Zentrums für Altersfragen und des Robert Koch-Instituts (S. 62 – 78). https://www.destatis.de/DE/Themen/Gesellschaft-Umwelt/Gesundheit/Gesundheitszustand-Relevantes-Verhalten/Publikationen/Downloads-Gesundheitszustand/gesundheit-krankheit-im-alter-5230003099004.pdf?__blob=publicationFile

Nabuco, H. C. G., Tomeleri, C. M., Sugihara Junior, P., Fernandes, R. R., Cavalcante, E. F., Antunes, M., Ribeiro, A. S., Teixeira, D. C., Silva, A. M., Sardinha, L. B., & Cyrino, E. S. (2018). *Effects of Whey Protein Supplementation Pre- or Post-Resistance Training on Muscle Mass, Muscular Strength, and Functional Capacity in Pre-Conditioned Older Women: A Randomized Clinical Trial.* Nutrients, 10(5), 563. https://doi.org/10.3390/nu10050563

Oksbjerg, N. & Therkildsen, M. (2017). Chapter 3 - Myogenesis and Muscle Growth and Meat Quality. In: Woodhead Publishing Series in Food Science. *Technology and Nutrition, New Aspects of Meat Quality.* Woodhead Publishing. Seite 33-62. DOI: https://doi.org/10.1016/B978-0-08-100593-4.00003-5

Ormsbee, M.J., Thomas, D.D., Mandler, W.K. et al. (2013). The effects of pre- and post-exercise consumption of multi-ingredient performance supplements on cardiovascular health and body fat in trained men after six weeks of resistance training: a stratified, randomized, double-blind study. Nutrijtion & metabolism 10(1), 39. https://doi.org/10.1186/1743-7075-10-39

Parr, M. K., Schmidtsdorff, S. & Kollmeier, A. S. (2017). Nahrungsergänzungsmittel im Sport – Sinn, Unsinn oder Gefahr? Bundesgesundheitsblatt - Gesundheitsforschung - Gesundheitsschutz, 60(3), 314–322. https://doi.org/10.1007/s00103-016-2498-1

Scanes, C. G. (2015). Sturkie's Avian Physiology (Sixth Edition). Chapter 20 - Protein Metabolism. *Academic Press.* Seite 455-467. DOI: https://doi.org/10.1016/B978-0-12-407160-5.00020-8.

Schädler, S. (2012). Assessment Berg Balance Scale. Ein aufschlussreicher Test fürs Gleichgewicht. Physiopraxis 2007; 5(11/12): 40-41. DOI: 10.1055/s-0032-1308125 https://www.thieme-connect.de/products/ejournals/abstract/10.1055/s-0032-1308125

Schwarz, N. A. & McKinley-Barnard, S. K. (2020). Acute Oral Ingestion of a Multi-ingredient Preworkout Supplement Increases Exercise Performance and Alters Postexercise Hormone Responses: A Randomized Crossover, Double-Blinded, Placebo-Controlled Trial. *Journal of dietary supplements,* 17(2), 211–226. https://doi.org/10.1080/19390211.2018.1498963

Vaupel, P. & Biesalski, H. K. (2017). Proteine. In Biesalski, H. K., Bischoff, S. C. & Pirlich, M. (Hrsg.) *Ernährungsmedizin. Nach dem Curriculum Ernährungsmedizin der Bundesärztekammer* (S. 145 – 163). Thieme Verlag Stuttgart.